机器人，你好！

千奇百怪的机器人

［美］杰夫·德拉罗沙 著
秦彧 译

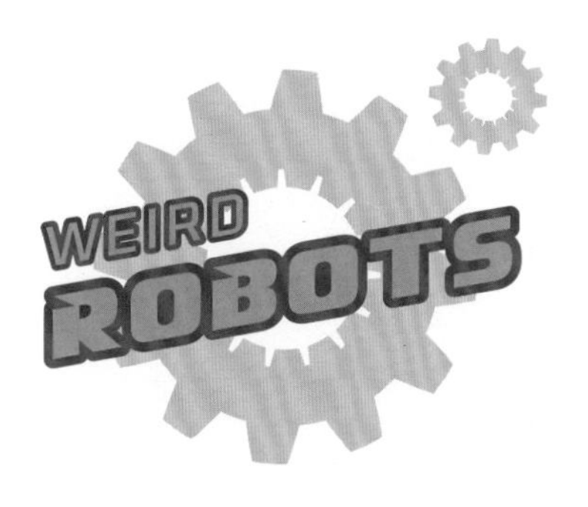

中国出版集团
世界图书出版公司

机器人还可以长成什么模样?

它可以像袋鼠、像蛇、像小鸟,

它可以是颗球、是个小方块,

它也可以小得像只小蚂蚁,甚至小到你根本看不到!

Robots: Weird Robots

目录

Contents

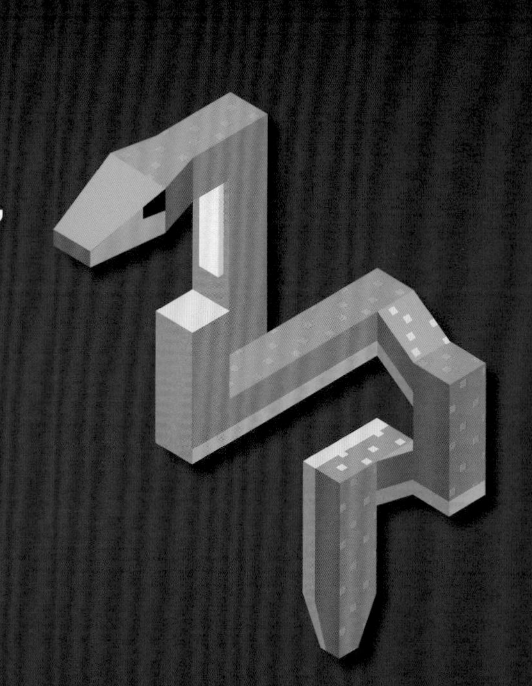

术语表的词汇在正文中首次出现时为黄色。

千奇百怪的机器人

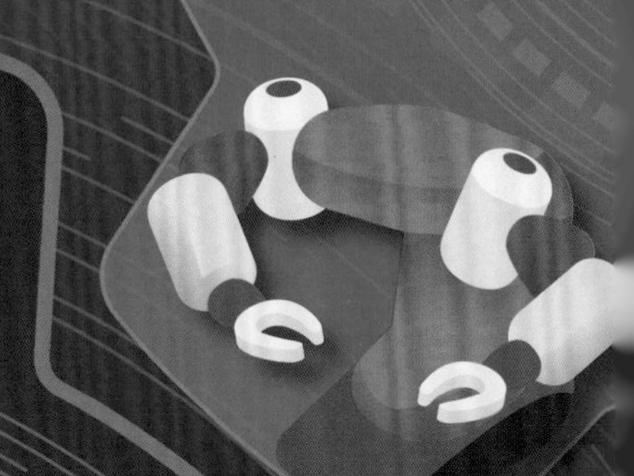

闭上眼睛，浮现在你脑海中的机器人是什么样的呢？与大多数人一样，你可能认为机器人的“眼睛”闪闪发光，“手”是夹持器，“皮肤”是坚硬的金属，它说着一口机械音，与人类一样用两条“腿”走路……

一些机器人确实是这种传统机器人的样子，但不是所有的机器人都长这样。一个机器人被设计成什么样，取决于发明者。有这样一群发明家，他们大胆而疯狂。

在这本书中，你将与这群发明家邂逅，认识他们发明的千奇百怪的机器人。有的机器人身体是软乎乎的，有的机器人小到用显微镜才能看见，有的机器人就像变形金刚，还有的机器人会“繁殖”……请你把对机器人的传统印象抛之脑后吧！机器人的世界正变得越来越奇妙，越来越精彩。

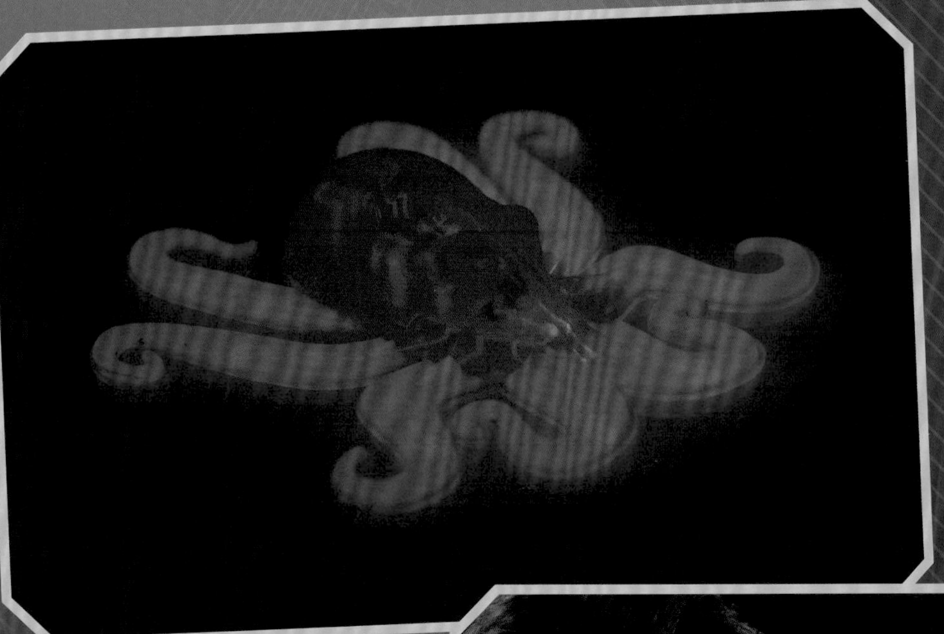

放飞思维

发明家常常把机器人想象成与人类外表相似的机械人。但现代机器人的发明者正放飞思维，尝试制造千奇百怪的机器人。不同于传统的人形机器人，这里展示了蛇形机器人（左图）、章鱼形机器人（上图）和壁虎形机器人（右图）。

无穷无尽的灵感

发明家总能从大自然获得无穷无尽的灵感。许多机器人被设计成人形机器人，这种设计有很多优点，比如：那些为人手设计的工具，人形机器人可以运用自如；不用为人形机器人再规划专门的工作区域，它们就能在我们的家和办公室中工作……人类能做的很多事情，一台先进的人形机器人就能胜任。

但是，这种设计也有局限性。为了克服这些局限，发明家纷纷开动脑筋，尝试从其他动物那儿汲取灵感。

人形机器人很难用两条腿保持平衡，而名为 RoboSimian 的猿形机器人有 4 个轮子，会模仿猿的运动方式。一旦遇到崎岖不平的道路，RoboSimian 就会像猿一样四肢着地行走。RoboSimian 可以爬楼梯，可以使用梯子等工具，还可以翻越难以通行的废墟瓦砾。

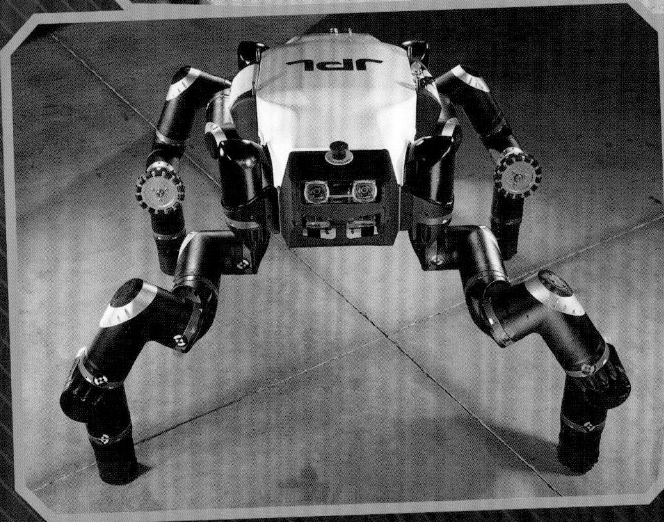

RoboSimian 中“Simian”是“像猿的”的意思。RoboSimian的设计初衷是灾难救援。

仿生袋鼠

在设计机器人的时候，可以参考的动物远远不止猿这一种。2014 年，德国费斯托公司展示了一款模仿袋鼠的机器人。这款仿生袋鼠就像善于跳跃的真袋鼠一样，能从一个地方跳到另一个地方。

仿生袋鼠用两条腿保持平衡，约跳 0.8 米。腿部的弹簧提供了跳跃所需的一部分能

当一只袋鼠落地的时候，它后腿的特殊肌腱像弹簧一样收缩，为下一次跳跃储存能量。这种储能机制，可以帮助袋鼠在跳跃过程中节约能量，让它们不知疲倦地跳来跳去，仿生袋鼠的机械弹簧也是同样的原理。

量，另一部分能量则由压缩空气驱动的腿部“肌肉”提供。

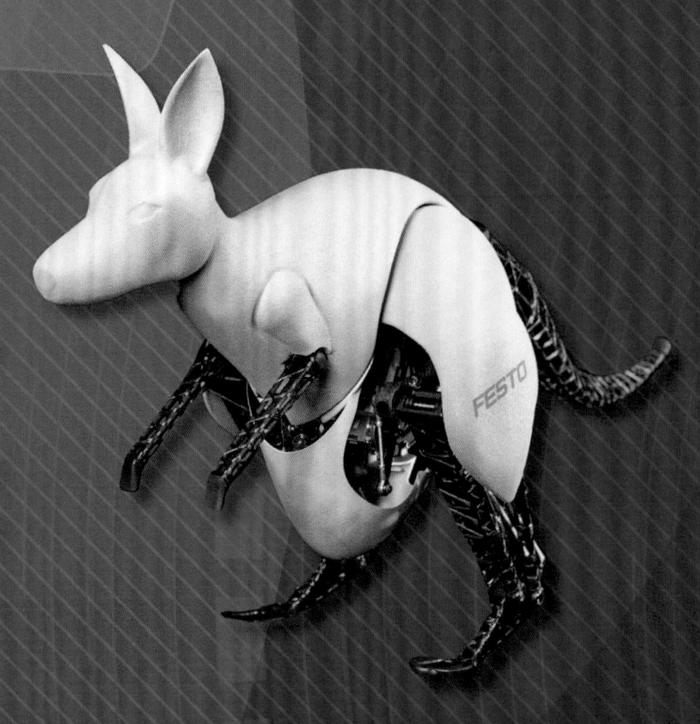

仿生袋鼠是位跳跃高手，毫不逊色于袋鼠。为了保持平衡，工程师为仿生袋鼠安装了前肢和尾巴。再装上脑袋，仿生袋鼠就像一只真袋鼠啦！

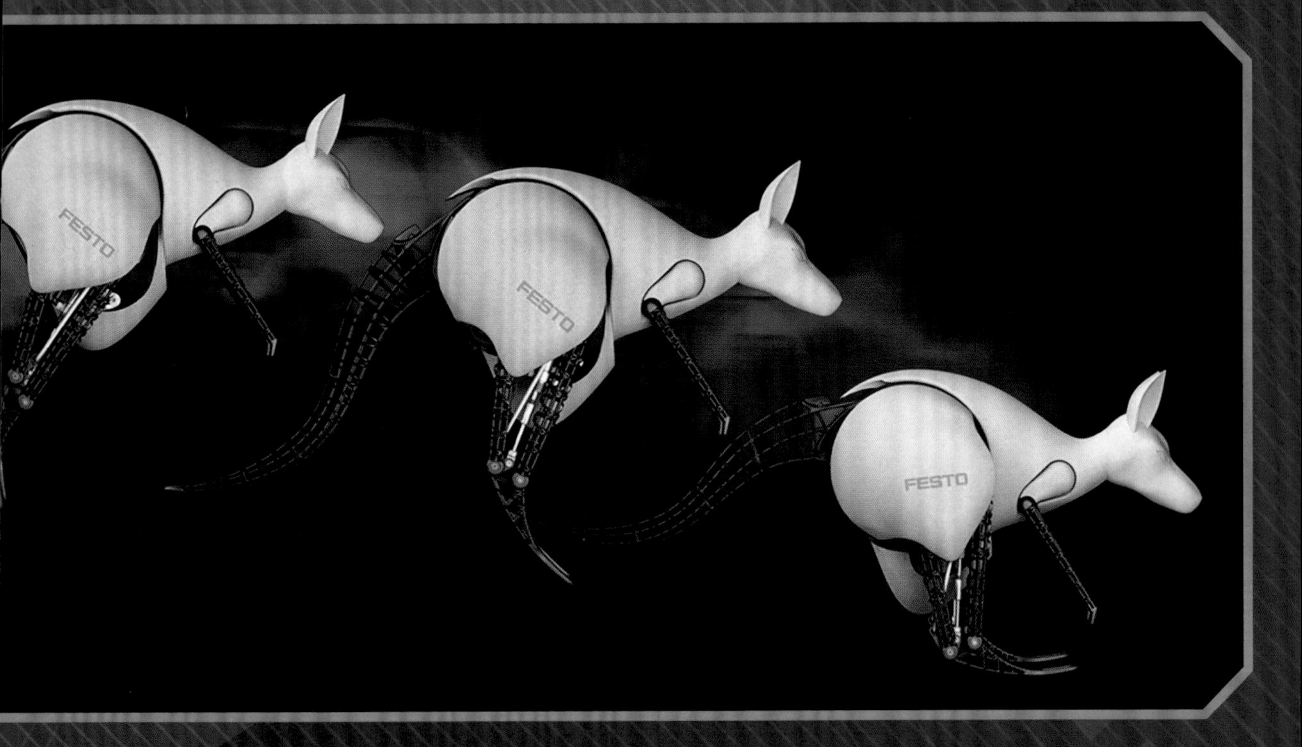

来源于昆虫的灵感

想一想随处可见的蚂蚁、蜜蜂和甲虫，它们能灵活地爬行或飞翔。这些看似渺小的昆虫，却是大自然中最不可思议的运动健将。许多昆虫不但可以举起比自身重几十倍的食物，还有很多不可思议的运动技巧；而昆虫的大脑和神经系统相对简单，降低了仿生难度……难怪工程师能从昆虫身上获得取之不竭的灵感。

与真正的昆虫一样，六足机器人也有六条腿，是一类十分常见的仿昆虫机器人。在移动一条或多条腿的时候，六足机器人的其他腿仍然着地，所以六足机器人能保持良好的平衡。

如果需要通过崎岖不平的地面，六足机器人就派上了用场。机器人 LAURON 是一款试验性的六足机器人，由德国卡尔斯鲁厄信息技术研究中心的工程师设计。LAURON 可以绘制出周围的环境，在复杂的地形中找出一条前进的路。LAURON 的行走方式模仿了竹节虫，有些试验场崎岖难走，连履带式机器人都无法通行，LAURON 却照样通行无阻。

LAURON 是一款用于搜救和科学探索的机器人。即便是其他机器人没办法涉足的险峻地带，LAURON 也能爬过去。LAURON 的绿色身体在黑暗中还会发光！

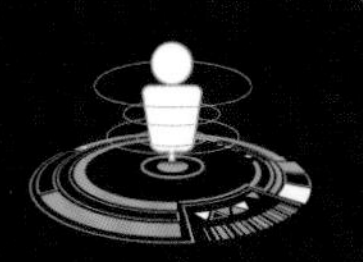

“你好，我叫 Genghis！”

六足机器人 Genghis 堪称有史以来最另类的机器人之一。Genghis 是一位跟踪专家，通过检测体温追踪人类。无须先进计算机的智能运算，Genghis 就可以爬向自己的“猎物”。Genghis 没有复杂的结构，它的电动机、传感器和微处理器全都通过一个内部网络相互连接，每个部件都遵循自己的一套简单指令，也能对其他部件做出响应。虽然 Genghis 的每个部件都独立工作，但结合在一起，Genghis 就能做出复杂的动作。

自主性

高

既不需要人们的帮助，也不需要复杂的编程，Genghis 就可以自己爬向“猎物”。

大小

Genghis 相当于一只猫大。

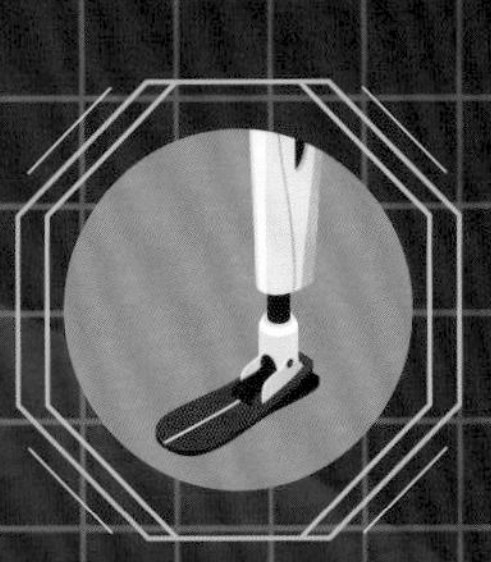

特点

Genghis 的每一条腿都能感知自己的位置，也能感知其他腿的位置。

制造者

Genghis 是著名发明家罗德尼·布鲁克斯的杰作。罗德尼·布鲁克斯在美国马萨诸塞理工学院（又称“麻省理工学院”）工作期间制造了 Genghis。

“触须”

Genghis 拥有一对“触须”，可以探测前进道路上的障碍物。

“小鸟”和“蜜蜂”

发明家制造的各种无人机，早已把天空塞得满满当当。传统的无人机是简单缩小版的飞机或直升机，需要遥控。不过，发明家正在设计新一代无人机，它们的外观结构和飞行方式更像动物，自主性更强。

2011 年，美国 AeroVironment 公司推出了自主设计和制造的纳米蜂鸟无人机。这种只有手掌大小的无人机酷似蜂鸟，每秒可以扇动几十次“翅膀”，可以朝任意方向飞，还可以在空中悬停。纳米蜂鸟无人机被设计成试验性的间谍无人机，可以在建筑物中灵活穿行，并用摄像头进行侦察。

纳米蜂鸟无人机是第一款投入实际使用的蜂鸟无人机。这只“早起的鸟儿”吃到了一条“虫子”——政府与它的制造商签了一个大订单。

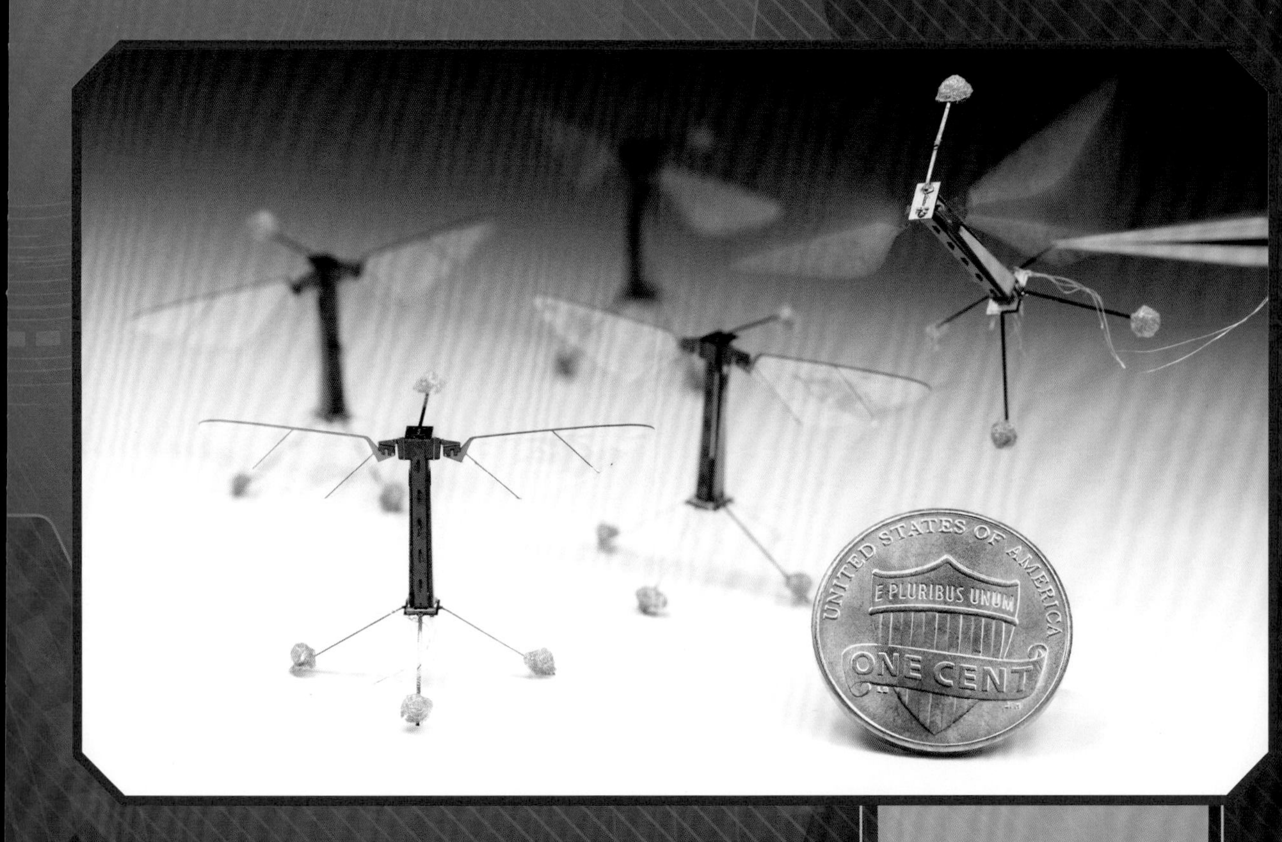

哈佛大学的研究人员开发了仿昆虫机器人 RoboBee——迄今为止尺寸最小的无人机之一。RoboBee 只有 2.5 厘米高，很像一只小飞虫。第一代的 RoboBee 必须拖着一根连接供电和控制系统的缆线，不过工程师打算继续研发，让未来的 RoboBee 摆脱缆线的约束，成为成群飞行的自主无人机。

许多农作物需要蜜蜂授粉，才能结出累累硕果。但是，不少地方的蜜蜂正在以惊人的速度消失。也许有一天，类似 RoboBee 这样的小机器人，会成群结队地在花丛中飞舞，代替蜜蜂授粉。

来源于脊椎动物的灵感

蛇既没有胳膊和腿，也没有鳍和翅膀，却是大自然中适应性最强的动物之一。蛇靠改变身体的形状滑行、游泳，甚至在空中滑翔。发明家从蛇的身体构造和运动方式中汲取灵感，设计了很多款蛇形机器人。

与蛇一样，蛇形机器人有着细长灵活的躯体。这种设计有不少优点，首先，蛇

这款蛇形机器人的开发者来自匹兹堡卡内基梅隆大学。2017 年，墨西哥发生地震后，这款蛇形机器人帮助搜寻幸存者。

形机器人能爬进管道、洞穴等任何狭小空间，可以在废墟中搜寻幸存者，还可以在人体内部滑行并实施手术。

其次，一个蛇形机器人有三种运动方式，分别是地面爬行、攀爬树木和水中游动。只需要改变身体形状，蛇形机器人就可以在这三种运动方式间切换。

蛇形机器人通常是条“长链子”，这条“长链子”有很多段，而每一段都有独立的电动机、传感器和微处理器。这种设计让我们只需增加或移除一些分段，就可以轻易改变蛇形机器人的长度。分段设计也提高了蛇形机器人的抗损能力，某些分段停止运行时，其他分段仍可以继续工作。

蛇并不是唯一能够改变运动方式的动物。在 2013 年，瑞士发明家展示了改进版的仿蝾螈机器人 Salamandra。蝾螈是一种四足两栖动物，既能在陆地上爬行，又能摆动细长的身体在水中游动。这个长约 1 米的 Salamandra 能像真正的蝾螈那样活动，无论是从地面入水游泳，还是从水中登陆爬行，Salamandra 都能自如转换。

Salamandra 共有 9 节，它的运动由沿脊椎分布的神经回路控制，能根据“大脑”到脊椎的电路信号的强度选择游泳或爬行。

Salamandra 可以用于科学研究，帮助科研人员研究脊椎动物的大脑和神经系统如何控制身体的运动。

只有贴着地面行走的动物才善于爬行吗？壁虎是一类小型爬虫，能在光滑的表面爬行，还能倒挂在物体上。壁虎擅长攀爬，因为它的脚覆盖了无数微小的刚毛。当壁虎用力踩脚下的物体时，由于刚毛的作用，壁虎的脚就会黏在物体表面；当壁虎想要迈步时，也可以轻松地把脚抬起来。美国斯坦福大学的研究人员制造了机器人 Stickybot，它的爬行方式与壁虎的非常相似，它借助脚部的人造刚毛攀爬竖着的玻璃。

Stickybot 的设计灵感来源于壁虎。这张照片是 Stickybot（中）和它的发明者金尚培（左）、马克·库特科斯基（右）的合照。

Stickybot 的脚部设计让它能在光滑的表面上爬行。

具备移动能力仅仅是第一步，机器人还得感知周围的环境，找出移动的路径。21 世纪初，英国布里斯托大学的研究人员设计和制造出了机器人 SCRATCHbot。SCRATCHbot 模仿的是到处乱窜的老鼠，它不用借助视觉就可以找到路。SCRATCHbot 有 18 根“胡须”，可以探查周围环境。

平衡大师

并不是所有机器人的设计灵感都源于动物。2005年，卡内基梅隆大学推出了一款新型机器人——机器人 Ballbot。Ballbot 有成年人那么高，靠底部的圆球移动和保持平衡。

以这样的方式保持平衡，乍一看像一种马戏表演。但这种巧妙的设计，解决了机器人研发的一些棘手问题——为了能长时间保持平衡，大部分机器人安装了大大的底座，只能缓慢地加减速，即使这样，这些机器人也很难在狭小的空间里自如活动。

Ballbot 可以较快地加减速，可以朝任意方向移动，连原地转向都不在话下。电动轮使 Ballbot 的球轮向不同方向转动，这种方法有点儿像伐木工人滚动圆木。不过，Ballbot 也有缺陷。在站着不动的时候，Ballbot 必须不断调整，使自己处于直立状态。

仅靠一颗滚来滚去的圆球维持平衡，Ballbot就能牵着人的手前行，也能把坐着的人拉起来，还能搬运重物。Ballbot的发明者希望，未来的Ballbot能成为老年人和残疾人的好帮手。

球形机器人

一些机器人的设计者在“球”的概念上进一步做文章，他们把整个机器人都塞进了一颗圆球里，制造了名副其实的球形机器人。这类球形机器人的内部装有电动轮，工作方式有点儿像在跑笼里奔跑的仓鼠——随着外层球壳的旋转，球形机器人四处滚动。球形机器人像一个不倒翁，具有良好的平衡性与稳定性，不会因跌落和碰撞而重心不稳。

在 20 世纪 80 年代，荷兰艺术家马丁 · 史班哲制作了机器人 Adelbrecht。Adelbrecht 是一个直径 40 厘米的球形机器人。它能滚动、说话，还能感觉到自己被抚摸等。

Adelbrecht 是为一个艺术项目而设计的。Adelbrecht 具有自主性，喜欢被人抚摸，能与人互动……这些特性为如今的宠物机器人指明了设计方向。

2011 年，Sphero 公司开始销售一种玩具版的球形机器人。这种机器人有一个防水的塑料外壳，你只需要通过手机或平板电脑上的应用程序，就可以遥控这种有趣的球形机器人，让它滚动、旋转、弹跳、发光……

圆形的塑料外壳让 Sphero 公司的这个小机器人无惧恶劣的天气，这个小小的球形机器人是我们户外的最佳玩伴。

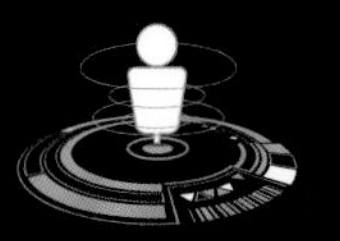

“你好，我叫

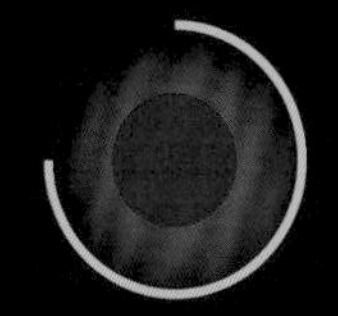

BB-8！”

在所有现实和虚构世界出现的球形机器人中，机器人 BB-8 是最出名的一个。2016 年，BB-8 在科幻电影《星球大战：原力觉醒》中登场。电影中的 BB-8 总是叽叽喳喳的，滚啊滚，滚个不停。BB-8 那半球形的脑袋看起来很可爱，能在它圆溜溜的身体上自由滑动。虽然银幕上的 BB-8 灵活可爱，但它的大部分镜头都是用木偶拍摄的。后来，得到授权的 Sphero 公司制作了玩具版 BB-8。Sphero 公司采用了磁悬浮技术固定 BB-8 的半球形脑袋。

自主性

电影版：高

BB-8 的自主性很高，是一位很好的搭档。

玩具版：低

BB-8 的自主性有限，不过它可以四处转悠，回应语音命令，还会吓唬猫咪。

特点

电影版

BB-8 可以协助主人驾驶 X 翼星际战斗机。

玩具版

可以用一个特殊设计的“原力”手环遥控 BB-8。

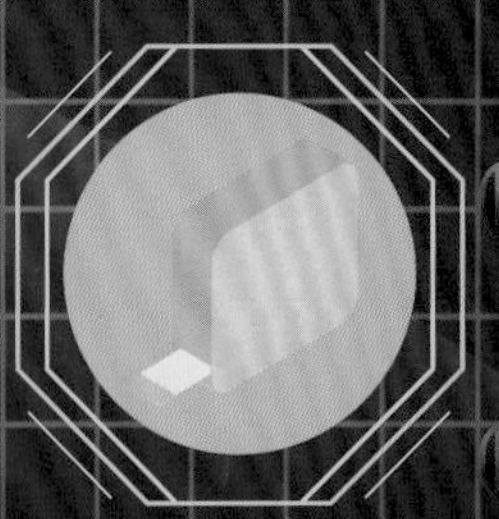

身高

电影版

0.67 米高，仅比伊沃克人矮一点儿。

玩具版

约 11 厘米高，还没有一个柚子高。

制造商

电影版

隶属于“抵抗组织”。

玩具版

BB-8 由美国 Sphero 公司制造。

模块机器人

有些机器人不止有一种造型。20 世纪 90 年代末，发明家开始一种全新的尝试——使用模块组件，以搭积木的方法制造机器人。这样制造出来的机器人，被称为模块机器人。

最早出现的模块机器人，由铰链连接的模块组装而成。每个模块都可以弯曲，并且自带电动机和控制系统。当多个模块连接在一起的时候，每个模块都能和它的“邻居”联网。所有模块一起努力，让组合而成的机器人以最佳方式移动。

后来的模块机器人可以重新组合配置。想象一个模块机器人有 5~6 个模块，它的模块首尾相接连在一起，这样的结构能让机器人像蛇一样滑行；如果它的模块相接组成字母“H”，这样的机器人或许会用四条腿攀爬；如果所有模块连成一个圆，这样的机器人或许会像轮子一样滚动。

堆出来的机器人

Cubelets 是一款玩具版的模块机器人，它的行为模式取决于模块的堆叠方式。

小一点儿，再小一点儿

机器人并不总是越大越好。为了多样化，发明家一直致力于开发越来越小的机器人。

机器人 Alice 就是一款微型机器人。20 世纪 90 年代到 21 世纪初，在瑞士洛桑联邦理工学院的一帮发明家开发了 Alice。Alice 的外形近似一个立方体，边长不到 2.5 厘米。虽然 Alice 非常小，但是安装了接近传感器、两个带轮子的电动机、可充电的电池，还有一些小零件。

Alice 只比一块冰糖大一点儿。

虽然比 Alice 小得多，但这款蚂蚁机器人也是“麻雀虽小，五脏俱全”，正常运行所需的部件一个都不缺。要是这款蚂蚁机器人掉在地上，可有点儿难找！

与 2009 年欧洲 I-SWARM 项目中推出的蚂蚁机器人相比，Alice 简直就是一个庞然大物，蚂蚁机器人仅长 3 毫米。蚂蚁机器人安装了一个视觉传感器和一块太阳能板，但这款蚂蚁机器人实在太小了，没有空间容纳传统的驱动器，只能配备压电驱动器。压电材料会在电荷变化时改变形状，使这款蚂蚁机器人获得快速移动的能力。

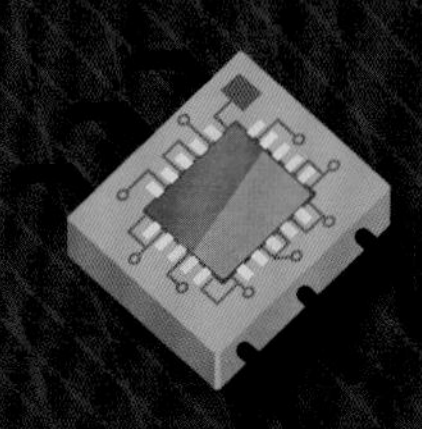

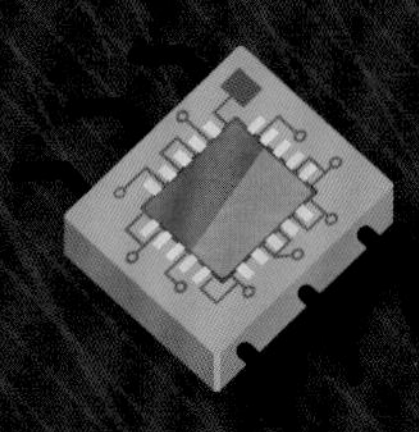

集群机器人

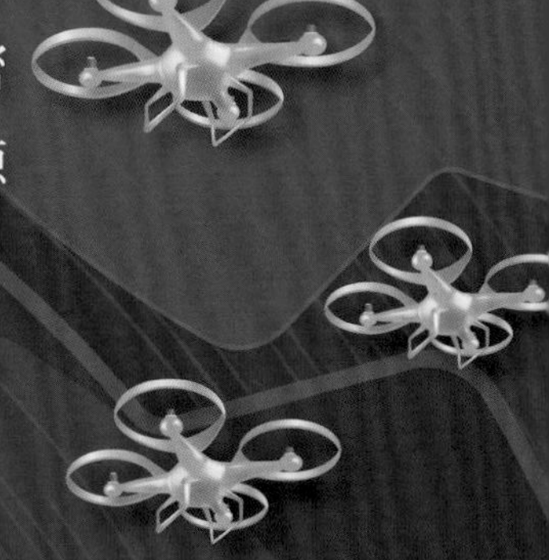

一个小不点儿的微型机器人似乎没有多大用处。但是，一群微型机器人按照设计集结起来，组成一个紧密合作的集群，就能做许多事情。集群机器人的灵感来源于社会性昆虫，而群居的蚂蚁和蜜蜂就是社会性昆虫。昆虫的大脑比较简单，如果一大群社会性昆虫在一起，就可以做出许多令人难以置信的事情。

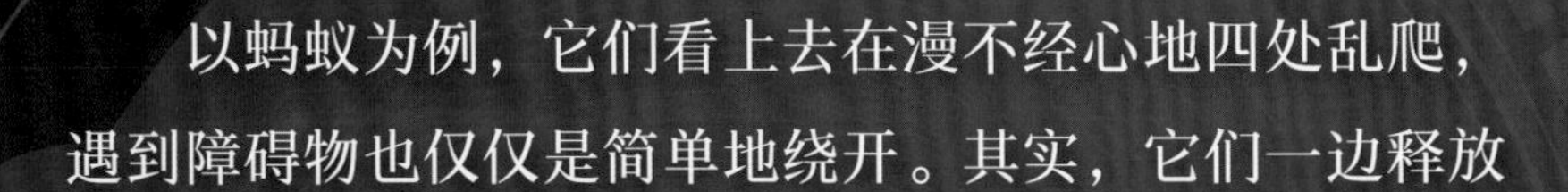

以蚂蚁为例，它们看上去在漫不经心地四处乱爬，遇到障碍物也仅仅是简单地绕开。其实，它们一边释放

一只蚂蚁几乎做不了什么。但是，一群蚂蚁可以建造巢穴，豢（huàn）养其他昆虫，培育真菌作食物。

就像蚂蚁一样，小小的 Alice 也能合作找路，穿过迷宫。这种能力或许会帮助未来的集群机器人，让集群机器人一起做更多令人惊叹的事情。

“信息素”的化学物质作为路标，一边追踪伙伴们留下的信息素。通过这两种简单行为的结合，蚂蚁就能找到一条准确连通巢穴和食物来源地的道路。

2013 年，研究人员演示了 Alice 的社会性行为。一群在迷宫里的 Alice，会用类似蚂蚁找路的方式寻找出路。当然，Alice 不能释放信息素，而是发出并跟踪光线，确定穿过迷宫的最佳路线。

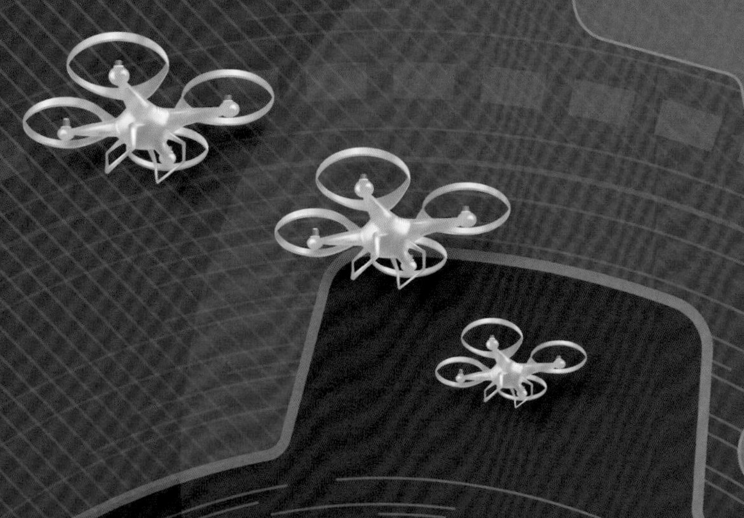

2010 年代，哈佛大学的机器人专家公布了一款名为 Kilobots 的微型集群机器人。“Kilo”的意思为“一千”，Kilobots 可不止一千个微型机器人 Kilobot，而是 1024 个。每个 Kilobot 都比高尔夫球略小，仅 3 厘米大。为了节约成本，Kilobot 没有使用电动机驱动的轮子，而是使用了便宜的“三脚支架”。Kilobot 能够协同工作，自行排列出各种队形。

发明家希望设计出用于搜救的集群机器人，集群机器人一窝蜂地涌入灾后现场，齐心协力搜寻幸存者。集群机器人还可以在空间探测中大显身手。想象一下，用一群微型探测器取代一个大型空间探测器，即使一部分微型探测器失灵了，它的众多小伙伴仍然可以继续执行任务。美国军方已经进行了试验，集群机器人在战场上能实施协同攻击。

Kilobots 绝不会让你破产

价格便宜是 Kilobots 的一大优势，每个 Kilobot 的成本才 90 元左右。

纳米机器人

自20世纪50年代以来，发明家和科幻作家着迷于纳米机器人。纳米机器人在工作时的活动范围是1~100纳米，大约是我们头发直径的十万分之一，也是一个原子直径的3~5倍。

无数纳米机器人组成的集群机器人，可以创造很多令人难以想象的奇迹。为了制造特定的物品，这些纳米

微型机械

就像这些微小的齿轮和链条，科学家正在竞相制造越来越小的机械。链条上最大齿轮的直径比人类的头发丝还要细。

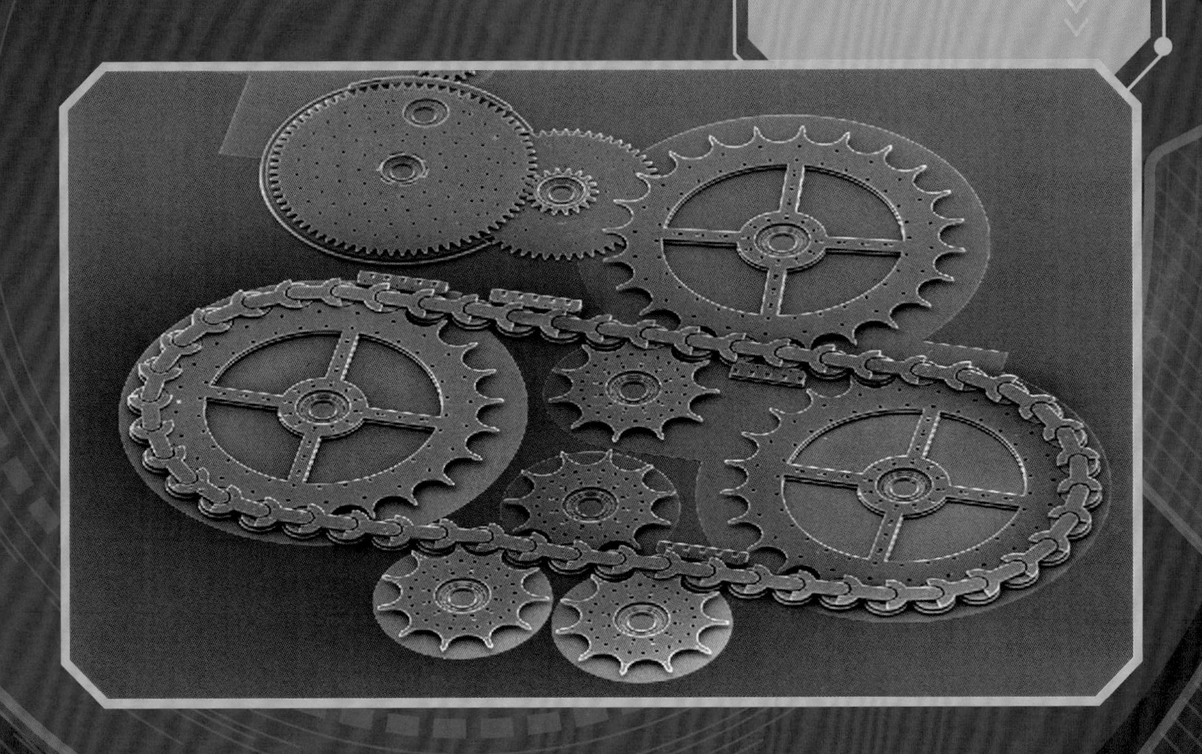

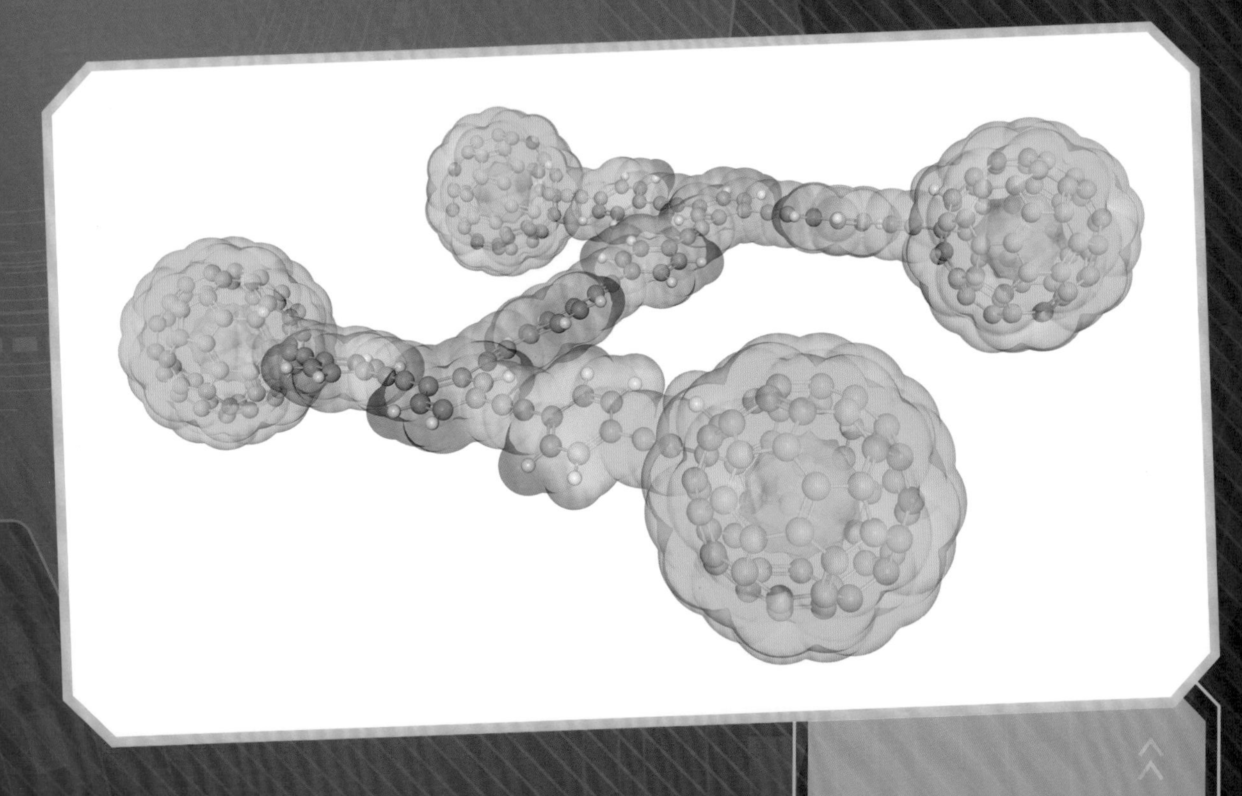

超级迷你的赛车

科学家制作了几辆超级迷你的“纳米车”，它们可以在特殊的微型赛道上“飚车”。这辆纳米车的车身布满小点，每个小点代表一个原子。

机器人组成的集群机器人可以一次只添加一个原子；它们可以在我们的体内活动，消灭致病微生物，并修复人体组织。

纳米机器人一直处于研发阶段，发明家已经验证了纳米机器人的相关技术。2017年，在得克萨斯州休斯敦的莱斯大学，发明家展示了一辆由单个分子制成的双轮纳米小车。这辆小车全长仅 1.5 纳米，只有在显微镜下才能看见。

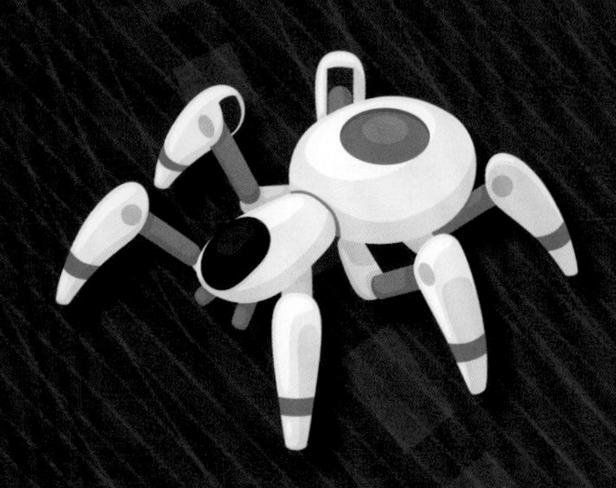

“灰色黏质”

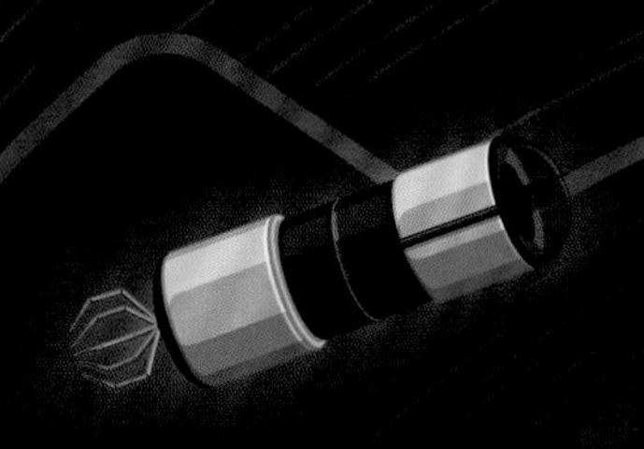

纳米机器人如此小，如果不集结大批纳米机器人很难完成工作。想要制造数量庞大的纳米机器人，最好的方法是什么？开发能自我复制的纳米机器人，让它们就地取材自己制造出更多的同类。

任由纳米机器人自我复制也是一件十分危险的事情。纳米技术之父埃里克·德雷克斯勒在 1986 年出版了《创造的发动机》，书中描写了一种能自我复制的纳米机器。埃里克·德雷克斯勒设想了一个极小的装置，每过 1000 秒它会自我复制一次，所以，1000 秒之后会有 2 个装置，2000 秒过后会有 4 个装置，以此类推。

虽然纳米机器人非常小，但是这种呈几何倍数的增长非常快。在不到一天的时间里，一个纳米机器人就会复制出超过 900 千克的同类。在不到两天的时间里，所有的纳米装置将比地球还要重！埃里克·德雷克斯勒的设想，引发了人们的担忧：失控的纳米机器人会飞快地消耗地球上的可用物质，把一切都变成纳米机器人，地球就像笼罩了一层“灰色黏质”。然而，无论是埃里克·德雷克斯勒，还是其他科学家，都认为人们过度担忧了。

就像影视剧中经常演的，“灰色黏质”是一个很受欢迎的科幻题材。

软体机器人

大多数机器人都是“硬汉子”，表面覆盖着硬邦邦的金属或塑料。不过，自 21 世纪初，发明家正努力制造出更柔软的机器人。软体机器人用橡胶或塑料等柔性材料制成，受到空气等流体冲击时，这些柔性材料会变形。

与传统机器人相比，软体机器人具备很多优势。首先，传统机器人只能用有限的关节做动作，软体机器人却能通过改变整个身体的形状做动作；其次，软体机器人更“温柔”，更适合在人类身边工作，也更适合处理易损的物品。

发明家已经制造了软体机器“鱼”，这些“鱼”的游动姿态酷似真鱼。制造商为机器人制造了柔软的“手”，用于拿放水果、易碎品或形状奇特的物品。

机器人用它那柔软的“手”捡起食物等容易损坏的物品，而传统的夹持器会把这些东西弄得一塌糊涂。

“鱼儿，你好呀！”

这款软体机器人由马萨诸塞理工学院的研究人员设计。它正在和鱼群一起游泳，不过小鱼儿似乎并不买账。

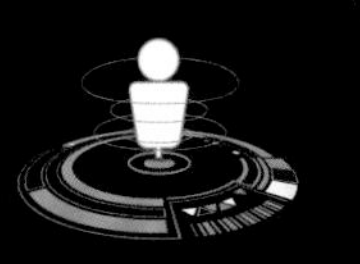

“你好，我叫

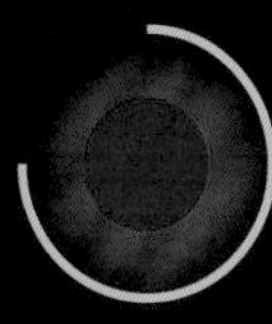

Octobot！”

通常，即便是最柔软的机器人，也有电池、计算机芯片等刚性部件，但绰号“软体章鱼”的机器人Octobot却没有任何刚性部件。2016年问世的Octobot是第一个完全用柔性材料制造的自主机器人。不需要借助电动机、电池和泵，Octobot就能移动。Octobot体内的过氧化氢溶液发生化学反应生成水和氧气，生成的水和氧气让Octobot的腕膨胀并摆动，从而使Octobot移动。

自主性

低

现在 Octobot 能做的事情还不多。

3D 打印

Octobot 的部件可用 3D 打印机打印。

“柔若无骨”

Octobot 的全身没有一个刚性部件。

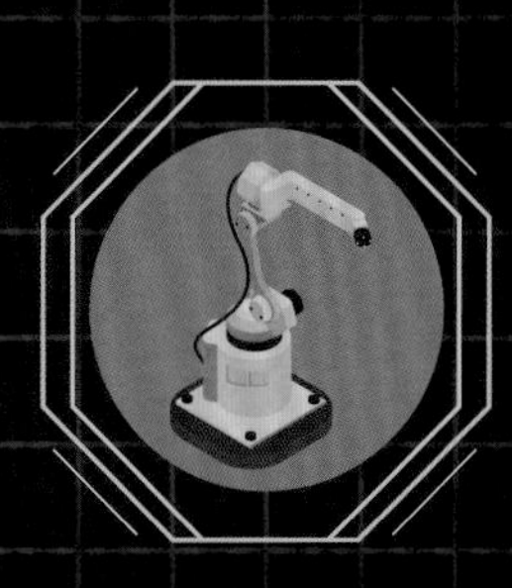

制造者

Octobot 由哈佛大学的研究人员制造。

流体控制

大多数机器人是通过芯片的电脉冲信号控制的，Octobot 却通过流体来控制。在 Octobot 的体内，水和氧气会流过一个特殊装置，让它动起来。

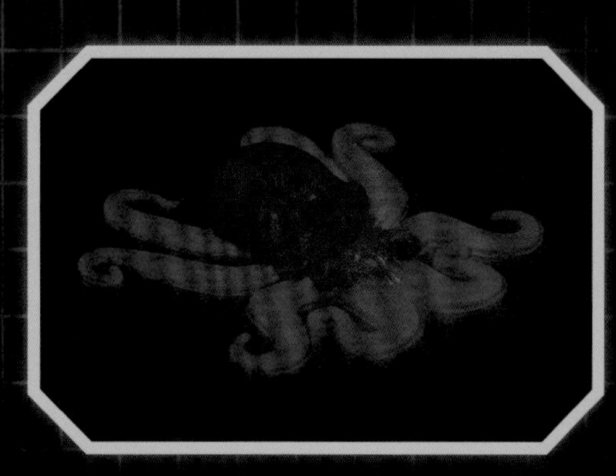

来源于折纸的灵感

有些机器人非常灵活，可以做其他机器人做不到的事情——折叠。受日本传统折纸艺术的启发，研究人员开发了几款带折叠部件的机器人。

2015 年，马萨诸塞理工学院的发明家发布了一款用塑料薄板组装的微型

机器人胶囊

或许有一天，人们可以通过吞下一粒藏着机器人的胶囊来治病。胶囊化开后，小巧的机器人钻出，在人们的胃中慢慢爬行，修补伤口或取出被误吞的异物。

机器人。这种塑料薄板受热可以折叠成一个机器人，这个机器人既可以携带着货物快速移动，也可以推开路上的障碍物。如果人们不再需要这个机器人，就可以把它溶解成液体。在2017年哈佛大学和马萨诸塞理工学院的展示中，人们为这款机器人配备了可折叠的外骨骼，机器人可以变换不同的外形，同时获得与外形相匹配的运动能力。这款机器人既可以变成步行机器人，也可以变成球形机器人，还可以变成船形机器人。

2017年，哈佛大学和马萨诸塞理工学院的研究人员，还展示了以折纸为灵感制造的“肌肉”。这种“肌肉”被塑料或织物包裹，有一个可折叠的芯。抽出填充的水或空气，“肌肉”就会收缩；用不同的方式折叠芯，“肌肉”能做出弯曲、蜷缩或抓握的动作。这项发明用于制造软体机器人的“肌肉”和夹持器。

软体机器人大多“手无缚鸡之力”。不过，在2017年登场的机器人是集柔软和强壮于一身的举重健将，可以举起比自身重1000倍的物体。

术语表

微处理器：一类在计算机中执行实际运算的装置，包含了计算机的中央处理单元、高速缓存和接口逻辑的集成电路。

模块机器人：由相互独立的模块组成的机器人，每个模块都自带电动机和控制系统。

铰链：用来连接机器、车辆、门窗、器物等两个部分的装置或零件，所连接的部分能绕着铰链的轴转动。

社会性昆虫：以族群的形式生活在一起，成员的等级分明，都有各自职能的昆虫。

信息素：一种生物释放的、能引起同种其他个体产生特定行为或生理反应的信息化学物质。

纳米机器人：应用仿生学原理设计制造的纳米级机器人。纳米机器人的工作范围是 1~100 纳米，大约是我们头发直径的十万分之一，也是一个原子直径的 3~5 倍。

纳米：一种长度单位，1 纳米 =0.000001 毫米。

原子：组成分子的最小微粒，也是物质在化学变化中的最小微粒。相同元素的原子组成单质，不同元素的原子组成化合物。

软体机器人：一种新型柔软机器人，能够适应各种非结构化环境，与人类的互动也更安全。

流体：液体和气体的总称。液体和气体具有流动性，没有特定形状，又有相似的运动规律，故合称“流体”。

致谢

本书出版商由衷地感谢以下各方：

Cover © Ociacia/Shutterstock
4-5 NASA; © Lori Sanders, Harvard University; Mark R. Cutkosky, Stanford University; Sangbae Kim, MIT
6-7 NASA/JPL-Caltech
8-9 © Festo
10-11 FZI Research Center for Information Technology (licensed under CC BY-SA 3.0)
12-13 © Bruce Frisch, Science Source
14-15 © AeroVironment; © Kevin Ma and Pakpong Chirarattananon, Harvard University
16-17 NASA
18-19 Kostas Karakasiliotis, Biorobotics Laboratory/EPFL
20-21 Mark R. Cutkosky, Stanford University; Sangbae Kim, MIT; © Mr.B-king/Shutterstock
22-23 © Carnegie Mellon University; Unagaraj (licensed under CC BY-SA 3.0)
24-25 © V2_ Lab for the Unstable Media; © Sphero
26-27 © Lucasfilm Ltd./Sphero
28-29 © Modular Robotics
30-31 © Swiss Federal Institute of Technology in Zurich; © Erik Edqvist, Uppsala University
32-33 © Alfonso de Tomas, Shutterstock; © Simon Garnier, Swarm Lab
34-35 Asus Creative (licensed under CC BY-SA 4.0)
36-37 Sandia National Laboratories; Edumol Molecular Visualizations (licensed under CC BY-SA 2.0)
38-39 © Twentieth Century Fox
40-41 © Soft Robotics, Inc.; © Joseph DelPreto, MIT CSAIL
42-43 © Lori Sanders, Harvard University
44-45 © Melanie Gonick, MIT; © Shuguang Li, Wyss Institute at Harvard University